사마귀 생태 도감

A Field Guide to Korean Praying Mantises

한국 생물 목록 33
Checklist Of Organisms In Korea 33

사마귀 생태 도감
A Field Guide to Korean Praying Mantises

펴낸날 _ 2023년 3월 15일 초판 1쇄
        2023년 7월 28일 초판 2쇄
지은이 _ 변영호

펴낸이 _ 조영권
만든이 _ 노인향
꾸민이 _ 토가 김선태

펴낸곳 _ **자연과생태**
등록 _ 2007년 11월 2일(제2022-000115호)
주소 _ 경기도 파주시 광인사길 91, 2층
전화 _ 031-955-1607 팩스 _ 0503-8379-2657
이메일 _ econature@naver.com
블로그 _ blog.naver.com/econature

ISBN 979-11-6450-052-9   96490

변영호 ⓒ 2023

사마귀 생태 도감
A Field Guide to Korean Praying Mantises

글·사진 | 변영호

자연과생태

머리말

경남 거제도는 사마귀의 섬입니다. 우리나라 사마귀 8종 가운데 7종을 이곳에서 만날 수 있습니다. 2014년 10월 1일부터 오비초등학교 하늘강동아리에서 아이들과 함께 사마귀와 동거를 시작했습니다. 1,000일 동안 사마귀를 기르며 생태를 관찰하는 것이 목표였는데 이 활동이 거제초등학교 하늘강동아리 아이들로까지 이어지며 2018년에 이르러 1,553일간 동거를 마쳤습니다.

이 책에 담긴 내용은 그 아이들의 호기심에 반사된 사마귀 이야기입니다. 아이들은 사마귀를 돌보며 생기는 궁금증을 끊임없이 질문했고 그에 대한 답을 함께 찾아 달았습니다. 이 관찰 활동을 <신이 만든 최고의 장난감 사마귀와의 동거 1000일>이라는 제목으로 SNS에 공유했는데, 아이들이 사마귀와 동거한다는 게 신기했는지 많은 사람이 관심을 보이며 함께 즐거워했습니다.

사마귀와의 동거가 끝날 때쯤이면 사마귀에 관한 모든 것을 알게 되리라고 기대했는데, 궁금한 것이 더 늘었습니다. 그래서 조금 더 자료를 살피고 궁리하다가 보니 그로부터 4년이 훌쩍 지났습니다. 여전히 부족한 점이 많지만 희미한 점이라도 찍듯 일단락을 지어 책으로 펴냅니다. 이만큼의 자료와 경험이라도 필요로 하는 분이 있어서 이 책을 유용하게 활용해 준다면 더 바랄 것이 없습니다. 우리나라는 물론 전 세계에서도 사마귀 무리에 대한 연구가 부족합니다. 앞으로 사마귀 전문 연구자가 되는 분들이 이 책의 부족한 부분을 채우고 더 바른 답을 찾아 주면 좋겠습니다.

여러 나라의 사마귀 연구자가 소중한 자료와 정보를 공유해 준 덕분에 우리나라 사마귀를 더욱 잘 이해할 수 있었습니다. 독일의 토머스 뢴니쉬(Tomas Ronisch), 말레이시아의 엔니산나 페이(Ennisanna-fei), 태국의 손튼 언나하초트(Thornthan Unnahachote)와 파카콘 연양(Phakakorn Yeunyang), 이스라엘의 요셉 아비(Yossef Avi) 님 고맙습니다.

사마귀에 관한 전문 자료를 분석·평가하고 외국 사마귀의 우리말 이름을 짓는 데에는 국립생물자원관 김태우 박사님, 강원대학교 김건혁 님, 전북대학교 심재일 님, 춘길농장 김영훈 님, 장우진 님께 큰 도움을 받았습니다. 강의영, 오홍윤, 안홍균 님은 생동감 넘치는 사진을 보내 주었습니다. 도움 주신 손길에 감사 인사를 전합니다.

앞서 밝혔듯이 이 책은 1999년부터 이어져 온 하늘강동아리 아이들 이야기의 일부입니다. 많은 분이 자연 딤구 동아리의 필요성을 믿고 지원해 주셨기에 오랫동인 하늘킹 동아리를 이어 올 수 있었습니다. 경남도민일보 김훤주 기자님, 진주교육대학교 도덕과 교수님들, 공주대학교 이재영 교수님, 청주교육대학교 이선경 교수님, 한국교원대학교 김찬국 교수님 감사합니다. 또한 일본의 다양한 환경 교육을 접할 수 있도록 지원해 주신 전 일본환경교육학회장 스와 데츠오(諏訪哲郎) 교수님과 원종빈 박사님, 곤충에 대한 궁금함을 풀어 주고 호기심을 한껏 키우도록 격려해 주신 백유현 소장님, 정광수 박사님, 성기수 선생님 고맙습니다.

또한 이 책 곳곳에는 고마운 선생님들 손길도 숨어 있습니다. 환경과생명을지키는경남교사모임 선생님들, 사마귀를 함께 키웠던 고두철 선생님, 사마귀를 잡아 온 아이들을 격려하고 응원해 주셨던 이창훈 선생님, 박훈구 선생님, 양민주 선생님, 오혜진 선생님, 서순환 주무관님과 김광룡 교장선생님을 비롯해 거제초등학교 최규완 선생님, 반윤희 선생님, 박지수 선생님과 박재희 교장선생님, 책을 정리할 때 도와주신 국산초등학교 강민정 영어회화선생님, 원어민 티나(Tina) 선생님께 고마운 마음을 전합니다.

사랑하는 아내 낙타의 등을 타고 또 하나의 사막 끝에 왔습니다. 봄이, 여름이, 산이와 함께 제주도, 대만, 베트남에서 사마귀를 찾았고, 특히 여름이는 책 작업 내내 외국 전문가들과 주고받는 이메일 번역을 도맡았습니다. 해마다 가을이 오면 비닐봉지에 사마귀를 잡아 책상 위에 올려 두셨던 존경하는 어머니께 이 책을 바칩니다.

2023년 3월
변영호

일러두기

1. 책에 실린 내용은 2014년부터 2018년까지 경남 거제시 오비초등학교와 거제초등학교 하늘강동아리 아이들과 함께했던 프로젝트 <신이 만든 최고의 장난감 사마귀와의 동거 1000일>에서 관찰한 자료를 기초로 정리했다.

2. 사마귀 분류체계와 학명은 「한국산 망시목의 분류학적 연구」(2021)를 기준으로 적용했다.

3. 우리나라에 사는 사마귀 8종을 수록했다. 외국에서 들어와 정착한 붉은긴가슴넓적배사마귀를 추가했다. 민무늬좀사마귀는 국립생물자원관 데이터베이스(KORED, 2012)에서 국내 서식종으로 표기하고 있으며 공식적으로 기록을 수정할 논문이 발표되지 않았지만, 1999년 첫 기록 이후 추가 서식 기록이나 정보가 없고 최초 기록 표본 부정확성, 동아시아에 광범위하게 분포한다고 알려졌지만 일본에서도 분포가 확인되지 않는 점을 고려해 좀사마귀의 동종이명으로 처리했다.

4. 형태 특징은 관찰 결과를 중심으로 쉽게 설명했다. 몸길이는 거제도에서 채집한 개체를 실측해 표기했으므로 지역에 따라 다를 수 있다. 사마귀 각 부위의 명칭과 외국 종의 한글 이름은 심재일, 김건혁, 장우진, 김영훈, 김태우 님의 도움을 받아 붙였다. 동의와 사용 여부는 독자가 선택하면 된다.

5. 생태 특징에서 부화 시기와 어린 사마귀 '령'기는 사육 결과를 바탕으로 기록했지만 온도에 민감하므로 상황에 따라 차이가 날 수 있다. 부족한 내용은 사마귀를 사육 관찰하는 춘길농장의 도움을 받았다. 생태 사진은 현장 관찰과 사육 과정에서 저자가 촬영한 것이며, 일부 제공 받은 사진은 저작권자를 표기했다.

우리나라 사마귀

사마귀는 전 세계에 분포하지만 열대 지역으로 갈수록 종수와 개체수가 많다. 전 세계 사마귀목은 29과 460속 2,400여 종으로 정리되었으며(2019년 기준), 우리나라에는 외국에서 들어온 붉은 긴가슴넓적배사마귀를 포함해 3과 6속 8종이 산다. 가까운 일본에는 우리나라에 사는 사마귀를 포함해 12종이 살며, 대만에는 21종이 있으므로 추가로 이입되거나 더 발견될 가능성이 있다.

동아시아에서 가장 큰 종은 왕사마귀이며, 가장 작은 종은 좁쌀사마귀다. 세계에서 가장 큰 종은 사마귀과(Mantidae)의 큰잔날개막대사마귀(*Ischnomantis gigas*)와 큰마른가지사마귀과(Toxoderidae)의 큰마른가지용사마귀(*Toxodera beieri*)로 길이가 15cm 넘는 것도 있다. 매우 작은 종 대부분은 짧막가슴사마귀과(Gonypetidae)와 애기사마귀과(Hymenopodidae)에 속한다.

전 세계에서 반려곤충으로 인기가 높은 종은 꽃사마귀(Flower mantis) 종류인 북아프리카악마꽃사마귀(*Idolomantis diabolica*), 드래곤사마귀(Dragon mantis) 종류인 큰마른가지용사마귀(*Toxodera beieri*), 낙엽사마귀(Ghost mantis) 종류인 아프리카유령사마귀(*Phyllocrania paradoxa*), 방패사마귀(Shield mantis) 무리의 초에라도디스속(*Choeradodis*)에 속한 종이며, 우리나라에서는 왕사마귀와 넓적배사마귀의 인기가 높다.

우리나라 사마귀 목록

사마귀목 Order Mantodea Latreille, 1802

짧막가슴사마귀과 Family Gonypetidae Westwood,1889
좁쌀사마귀속 Genus *Amantis* Giglio-Tos, 1915
1. 좁쌀사마귀 *Amantis nawai* (Shiraki, 1908)

애기사마귀과 Family Hymenopodidae Giglio-Tos, 1927
애기사마귀속 Genus *Acromantis* Saussure, 1870
2. 애기사마귀 *Acromantis japonica* Westwood, 1889

사마귀과 Family Mantidae Burmeister, 1838
항라사마귀속 Genus *Mantis* Linne, 1758
3. 항라사마귀 *Mantis religiosa sinica* Bazyluk, 1960

좀사마귀속 Genus *Statilia* Stal, 1877
4. 좀사마귀 *Statilia maculata* (Thunberg, 1784)

사마귀속 Genus *Tenodera* Burmeister, 1838
5. 사마귀 *Tenodera angustipennis* Saussure,1869
6. 왕사마귀 *Tenodera sinensis* Saussure, 1871

넓적배사마귀속 Genus *Hierodula* Burmeister, 1838
7. 넓적배사마귀 *Hierodula patellifera* (Audinet-Serville, 1839)
8. 붉은긴가슴넓적배사마귀 *Hierodula chinensis* Werner, 1929

한국, 일본 분포 종 현황

구분	학명	국명	분포 한국	분포 일본
1	*Tenodera sinensis* Saussure, 1871	왕사마귀	●	●
2	*Tenodera angustipennis* Saussure,1869	사마귀	●	●
3	*Tenodera fasciata* Oliver, 1792	오키나와왕사마귀 (오키나와 일부 섬)		●
4	*Orthodera burmeisteri* Wood-Masna, 1889	직각가슴사마귀 (오가사와라 제도 일부 섬)		●
5	*Mantis religiosa sinica* Bazyluk, 1960	항라사마귀	●	●
6	*Statilia maculata* (Thunberg, 1784)	좀사마귀	●	●
7	*Statilia* sp.	오키나와좀사마귀		●
8	*Statilia parva* Yang, 1999	긴검은무늬좀사마귀		●
9	*Acromantis japonica* Westwood, 1889	애기사마귀	●	●
10	*Amantis nawai* (Shiraki, 1908)	좁쌀사마귀	●	●
11	*Hierodula patellifera* (Audinet-Serville, 1839)	넓적배사마귀	●	●
12	*Hierodula chinensis* Werner, 1929	붉은긴가슴넓적배사마귀	●	●
합계			8종	12종

좁쌀사마귀 *Amantis nawai* (Shiraki, 1908)

- **분포:** 한국(거제도, 제주도, 보길도), 대만, 일본(혼슈, 시코쿠, 규슈, 오키나와 등), 중국, 스리랑카 등
- **몸길이:** 수컷 13~18mm, 암컷 20mm 안팎
- **알집 길이:** 5mm 안팎(알집꼬리 2~3mm)
- **부화 시기:** 5~6월
- **부화량:** 10~20마리

생태 특징: 우리나라에 사는 사마귀 가운데 가장 보기 어렵다. 1996년 전남 완도 보길도에서 처음 발견되었으며 왜좁사마귀라고 부르기도 했다. 성충은 제주도와 경남 거제도 상록활엽수림의 낙엽이 쌓이고 햇살이 잘 드는 곳, 동백 잎과 씨앗이 쌓인 곳, 등산로 옆에서 8월 중순부터 10월 말까지 보인다. 낙엽 층에 사는 작은 곤충을 사냥한다. 매우 민첩하고 작은 소리에도 예민하게 반응한다. 위험을 느끼면 죽은 척한다.

형태 특징: 우리나라를 비롯해 동아시아에 사는 사마귀 가운데 가장 작다. 낙엽 층과 땅바닥을 기어 다니는 모습을 얼핏 보면 큰 개미 같다. 겹눈이 크며, 종아리마디는 삼각형으로 넓고 두껍다. 몸은 갈색이며 얼룩덜룩한 무늬가 있다. 제주도에 사는 개체는 거제도에 사는 개체보다 몸이 더 검다. 날개가 퇴화해 배마디 10개가 훤히 보인다.

알집 특징: 우리나라에 사는 종의 알집 가운데 가장 작으며 알집꼬리가 길다. 상록활엽수림의 등산로나 숲 바닥까지 햇살이 드는 곳의 돌을 뒤집어 알집을 찾았으며, 같은 돌에서 좁사마귀와 애기사마귀 알집을 함께 발견한 적도 있다. 마른 낙엽에도 알집을 낳아 붙였다. 사육장을 만들고 마른 동백 잎과 나뭇가지를 넣어 두니 잎에 알집을 낳아 붙였다. 알집 내부는 조밀하지 않고, 알방 위치나 모양도 불규칙하다. 알집을 채집해서 실내에서 부화시켜 보면 다른 종에 비해 부화 시기가 늦다.

짝짓기

수컷

암컷

수컷 © 김태우

암컷 ⓒ 김태우

암컷

유충 1령 ⓒ 심재일

유충 3령 ⓒ 심재일

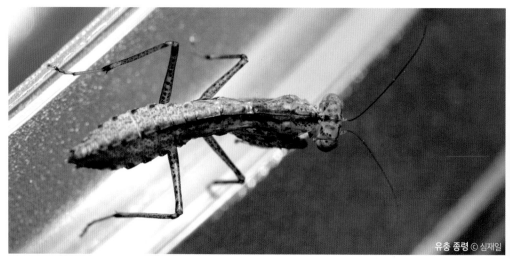

유충 종령 ⓒ 심재일

알집

돌 밑에 낳아 붙인 알집

알집 내부 구조

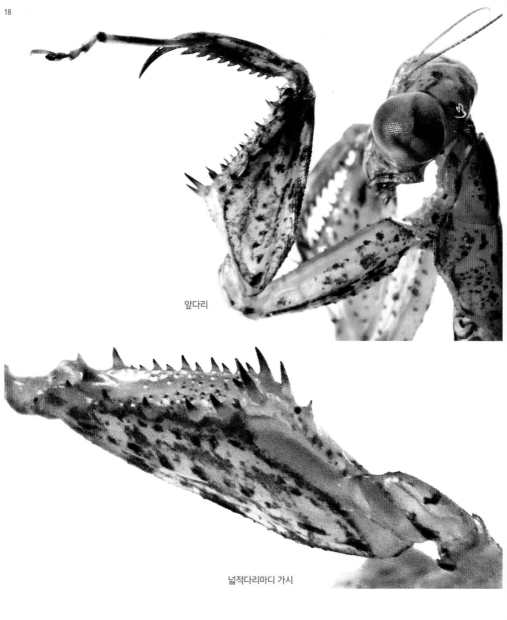

앞다리

넓적다리마디 가시

종아리마디 가시

수컷 생식기 윗면

수컷 생식기 아랫면

암컷 생식기 윗면

암컷 생식기 아랫면

애기사마귀 *Acromantis japonica* Westwood, 1889

- **분포**: 한국, 일본, 대만, 중국(남부)
- **몸길이**: 수컷 27mm 안팎, 암컷 30mm 안팎
- **알집 길이**: 5~20mm(폭 5mm, 높이 4mm)

- **부화 시기**: 5월 중순~6월
- **부화량**: 30마리 안팎

생태 특징: 전남 여수나 경남 거제도, 제주도 등 남부 상록활엽수림 지대에서 보이는 작은 종이다. 넓적배사마귀보다 나무에 대한 의존성이 높은 편으로 나뭇가지 끝, 나뭇잎 아랫면에서 주로 보인다. 행동이 매우 빠르며, 위험을 느끼면 바닥으로 툭 떨어진 뒤에 숨어 버린다.

형태 특징: 넓적다리마디가 넓어서 종아리마디를 접고 있으면 마치 권투 선수가 글러브를 끼고 있는 것 같다. 영어 이름도 일본권투선수사마귀(Japanese boxer praying mantis)이다. 암컷과 수컷은 배마디를 살피지 않더라도 구별할 수 있다. 암컷은 앞날개의 갈색과 녹색이 밝으나 수컷은 어두우며, 암컷은 날개가 배 끝까지 이르지만 수컷은 날개가 배보다 더 길다. 겹눈을 사진으로 찍어 확대해 보면 세로 줄무늬들이 보인다.

알집 특징: 긴 직사각형이다. 햇살이 바닥까지 오랫동안 비치는 상록활엽수림의 돌이나 햇살이 잘 드는 동백 숲 둘레 돌멩이를 뒤집어 가며 찾았다. 사육했을 때에는 동백 잎 아랫면에 알집을 낳아 붙였다. 나뭇가지에 붙은 알집은 아직 보지 못했다. 알방은 세로로 층층이 규칙적으로 만들며, 유충이 알방 마개를 밀고 한 마리씩 나오는 독립된 구조다. 유충은 성숙 정도에 따라서 시간차를 두고 빠져나온다. 알집 하나에서 평균 30마리가 나오지만 알집 길이가 20mm에 이르는 큰 것도 있으므로 최대 40마리까지 나올 것으로 예상한다.

짝짓기

수컷

암컷

수컷

암컷

수컷 머리

암컷 머리

유충 1령

유충 3령

유충 종령

24

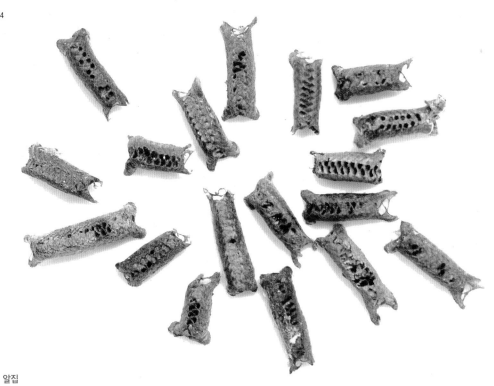

알집

나뭇잎에 낳아 붙인 알집

돌 밑에 낳아 붙인 알집

알집 세로 단면(왼쪽)과 가로 단면(오른쪽)

알집 내벽 공기층(150배)

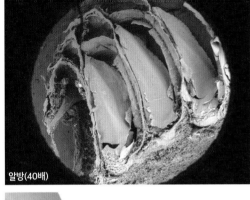

알방(40배)

알집에서 나오는 유충

수컷 날개

암컷 날개

앞다리

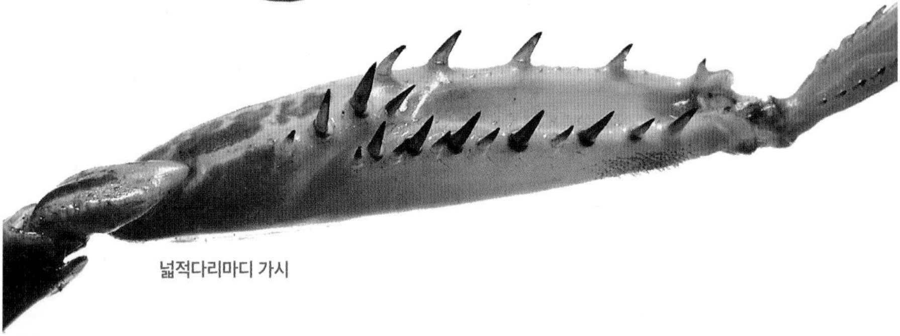

넓적다리마디 가시

넓적다리마디와 종아리마디 가시

수컷 생식기 윗면

수컷 생식기 아랫면

암컷 생식기 윗면

암컷 생식기 아랫면

항라사마귀 *Mantis religiosa sinica* Bazyluk, 1960

- **분포:** 한국(내륙 일부), 일본, 중국, 대만, 동남아시아, 유럽, 북아메리카, 아프리카 등 광범위
- **몸길이:** 수컷 50~60mm, 암컷 60~65mm
- **알집 길이:** 25~35mm
- **부화 시기:** 5월 초~6월
- **부화량:** 100~200마리

생태 특징: 다른 종보다 서식 환경 조건이 까다롭다. 넓은 개활지의 풀밭에 띄엄띄엄 분포하며 그 공간에서는 개체 밀도가 높다. 낮은 풀 위에 올라앉은 모습을 주로 보지만 풀잎 아랫면이나 줄기에도 앉는다. 사마귀 가운데 가장 잘 난다. 아마도 천이 과정에 따라 풀밭이 숲으로 변하면 다른 풀밭을 찾아 이동해야 하기 때문에 비행 능력이 향상된 듯하다. 영어 이름은 유럽사마귀(European mantis)로 파브르 곤충기에 나오는 사마귀가 바로 이 종이다. 1900년대 미국 뉴욕주에서 해충을 방제할 목적으로 들여왔다가 북아메리카 전역으로 퍼져 나갔다.

형태 특징: 항라는 명주나 모시 따위로 짠 여름 옷감을 말하며, 날개 색감이 고와서 붙은 이름이다. 북한에서도 날개 색감과 질감에서 이름을 따온 듯 유리날개사마귀라고 부른다. 몸은 넓적배사마귀처럼 둥근 느낌이고, 몸 색깔은 연두색, 녹색, 갈색이 있다. 앞다리 밑마디 무늬는 두 가지로 검은색만 있거나 검은색 속에 흰 점이 있다.

알집 특징: 평평한 곳에 알집을 낳아 붙이며 아래쪽으로 갈수록 둥글다. 유충 탈출구가 도드라지고, 그를 중심으로 삼아 알방이 규칙적으로 놓이며, 사마귀 알집처럼 탈출구 옆에 얕은 고랑이 있다. 좀사마귀 알집과도 생김새가 닮았지만 더 크고 두껍다. 경남 통영 소매물도 서식지는 사방이 트인 풀밭으로 밟으면 발이 푹푹 빠진다. 그 둘레로는 작은 소나무와 떨기나무가 자란다. 처음에는 풀밭의 줄기가 곧게 선 마른 풀줄기와 잎에서 알집을 찾았지만 실패했다. 풀이 무성하고 풀밭이 깊어 알을 낳기에 적당하지 않은 것 같다는 생각이 들어 풀밭 가장자리에 있는 돌무더기를 살피니 찾을 수 있었다. 그러나 1년에 두어 개를 찾았을 뿐이다.

수컷(갈색형)

암컷(갈색형)

수컷(갈색형)

암컷(녹색형)

암컷(녹색형) ⓒ안홍균

머리

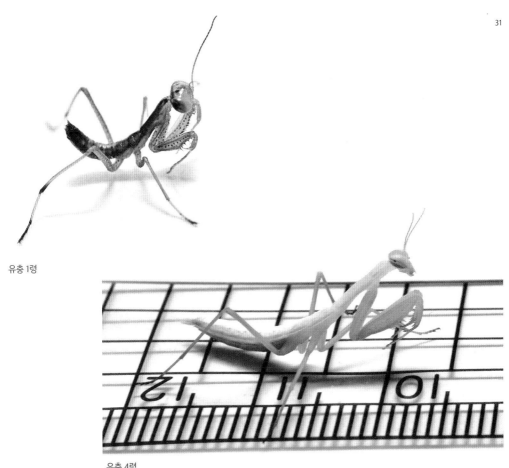

유충 1령

유충 4령

유충 4령

유충 5령

알집

돌 밑에 낳아 붙인 알집

항라사마귀 알집(왼쪽)과 좀사마귀 알집(오른쪽)

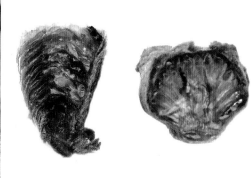

알집 세로 단면(왼쪽)과 가로 단면(오른쪽)

날개(수컷)

날개(수컷)

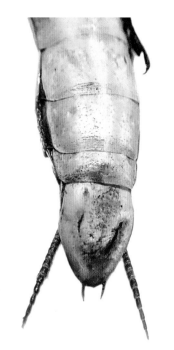

왕사마귀와 사마귀 구별

- 체형 비교

  대부분 왕사마귀가 사마귀보다 몸이 크고 굵으나 크기는 먹이와 주변 환경에 따라서
  차이가 나기 때문에 구별 기준으로 삼을 수는 없다.

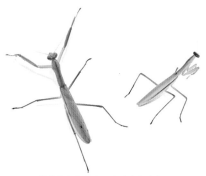
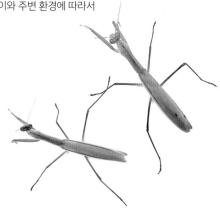

왕사마귀 암컷(왼쪽)과 사마귀 암컷(오른쪽)　　　　　왕사마귀 암컷(위)과 사마귀 암컷(아래)

- 가슴 무늬 색깔 비교

  앞가슴 아랫면 다리 사이의 무늬 색깔이
  왕사마귀는 엷은 노란색이며
  사마귀는 짙은 주황색이다.
  색깔에 대한 인식은 개인마다 차이가 있으므로
  둘을 동시에 비교할 때에는 차이를 뚜렷하게
  알 수 있으나 따로 보면 헷갈린다.

왕사마귀 수컷(녹색형)과 사마귀 수컷(녹색형)

왕사마귀 암컷(갈색형)과 사마귀 암컷(갈색형)

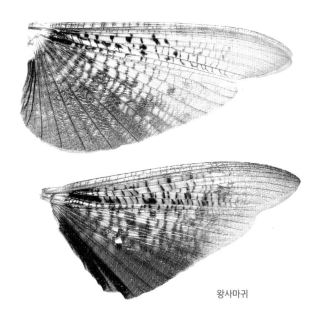

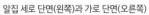

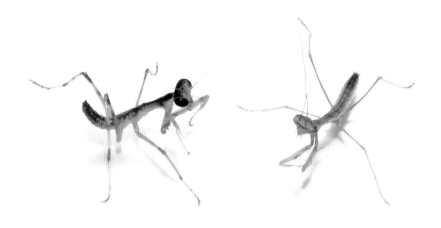

넓적배사마귀 1령 유충(왼쪽)과 사마귀 1령 유충(오른쪽)

수컷 날개

암컷 날개

가슴 무늬

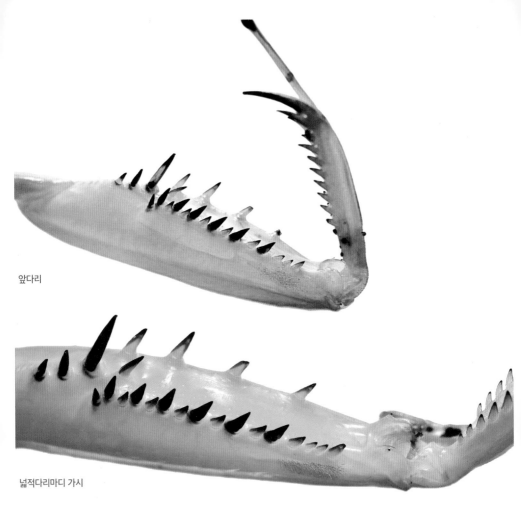

앞다리

넓적다리마디 가시

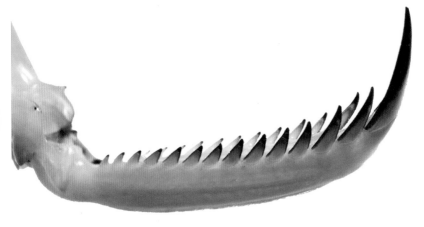

종아리마디 가시

수컷

수컷

암컷

암컷

수컷(갈색형)

암컷(갈색형)

암컷(녹색형)

암컷(녹색형)

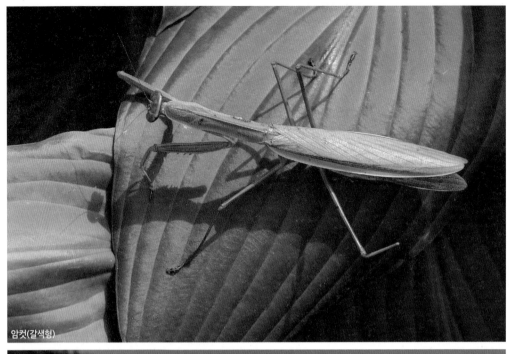

암컷(갈색형)

경계 © 강의영

짝짓기 ⓒ 안홍균

가슴

머리

유충 1령

유충 3령

유충 4령

유충 5령

유충 6령

유충 종령

알집

나뭇가지에
낳아 붙인 알집

풀줄기에 낳아 붙인 알집
© 강의영

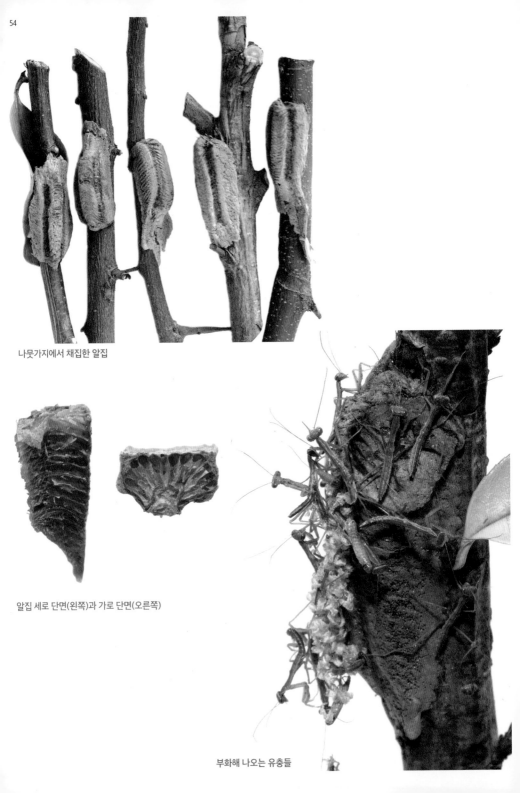

나뭇가지에서 채집한 알집

알집 세로 단면(왼쪽)과 가로 단면(오른쪽)

부화해 나오는 유충들

수컷 날개

암컷 날개

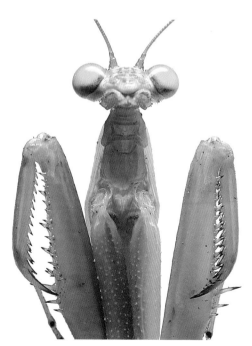

수컷 가슴

암컷 가슴

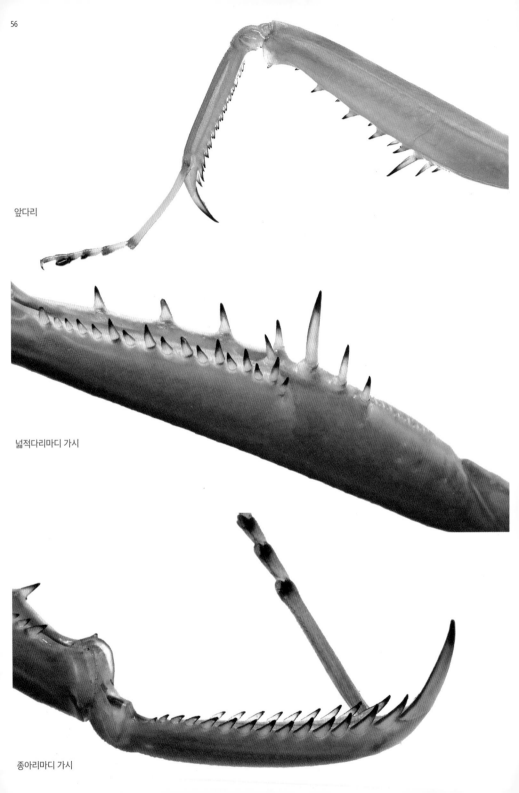

앞다리

넓적다리마디 가시

종아리마디 가시

수컷 생식기 윗면

수컷 생식기 아랫면

암컷 생식기 윗면

암컷 생식기 아랫면

왕사마귀 *Tenodera sinensis* Saussure, 1871

- **분포:** 한국, 일본, 대만, 동남아시아, 북아메리카 등
- **몸길이:** 수컷 50~90mm, 암컷 60~100mm
- **알집 길이:** 30~45mm
- **부화 시기:** 4~5월
- **부화량:** 70~350마리

생태 특징: 우리나라에 사는 사마귀 가운데 가장 크며, 아파트 화단, 개울 주변, 논둑, 저수지 주변, 등산로, 가로등 주변 등 어디에서나 보인다. 작은 곤충을 많이 잡아먹는다. 아시아가 원산지이며 영어 이름은 중국사마귀(Chinese mantis)이다. 1896년 미국에서 해충을 방제하려고 들여왔다가 북아메리카 전체로 퍼졌다. 맨손으로 왕사마귀를 잡으면 입으로 물고 앞다리 가시로 찌르며 공격한다. 추위를 잘 견디기 때문에 거제도에서는 12월 초까지 성충이 보인다.

형태 특징: 앞다리의 넓적다리마디, 종아리마디 가시와 근육이 크고 힘이 세서 곤충뿐만 아니라 양서류도 사냥한다. 사마귀와 비슷하게 생겼지만 사마귀에 비해 뒷날개의 얼룩무늬가 검게 보일 정도로 짙고 앞가슴 아랫면 다리 사이 무늬가 엷은 노란색이다. 사냥할 때 힘을 많이 주기 때문에 중심을 잡고 버티는 역할을 하는 뒷다리 발목마디가 튼튼하다.

알집 특징: 나뭇가지에 알을 붙이면 모양이 전체적으로 둥글지만 벽이나 돌에 붙일 때에는 반원형으로 만드는 등 모양과 크기가 조금 불규칙하다. 공기층이 두꺼워서 유충 탈출구가 우리나라에 사는 종 알집 가운데 가장 길다. 알방은 유충 탈출구를 중심으로 삼고 그 주변에 규칙적으로 놓는다. 알집을 찾으려면 햇살이 오랫동안 잘 드는 곳을 찾아가서 담벼락, 돌 밑, 바위 틈, 나뭇가지, 억새 줄기 등을 살핀다. 다른 어떤 종보다 알 낳는 장소의 폭이 넓은데 그래도 억새나 나뭇가지를 선호하며 여기에 붙인 알집은 크고 둥글다.

© 안홍균

수컷(갈색형)

암컷(갈색형)

암컷(녹색형)

암컷(녹색형)

짝짓기

경계

머리

유충 1령   유충 3령

유충 4령

유충 5령

유충 종령

알집

풀줄기에 낳아 붙인 알집

겨울 나는 알집 ⓒ 강의영

덩굴나무 줄기에 낳아 붙인 알집

알집 세로 단면(왼쪽)과 가로 단면(오른쪽)

알집에서 빠져나오는 유충

수컷 날개

암컷 날개

수컷 가슴 무늬

암컷 가슴 무늬

앞다리 안쪽 면

앞다리 바깥쪽 면

수컷 생식기 윗면

수컷 생식기 아랫면

암컷 생식기 윗면

암컷 생식기 아랫면

왕사마귀와 사마귀 구별

● 체형 비교

대부분 왕사마귀가 사마귀보다 몸이 크고 굵으나 크기는 먹이와 주변 환경에 따라서
차이가 나기 때문에 구별 기준으로 삼을 수는 없다.

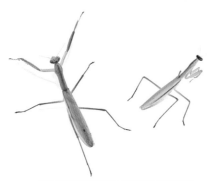 

왕사마귀 암컷(왼쪽)과 사마귀 암컷(오른쪽)   왕사마귀 암컷(위)과 사마귀 암컷(아래)

● 가슴 무늬 색깔 비교

앞가슴 아랫면 다리 사이의 무늬 색깔이
왕사마귀는 엷은 노란색이며
사마귀는 짙은 주황색이다.
색깔에 대한 인식은 개인마다 차이가 있으므로
둘을 동시에 비교할 때에는 차이를 뚜렷하게
알 수 있으나 따로 보면 헷갈린다.

왕사마귀 수컷(녹색형)과 사마귀 수컷(녹색형)

왕사마귀 암컷(갈색형)과 사마귀 암컷(갈색형)

- 날개 무늬 비교

  왕사마귀 뒷날개에는 검게 보일 만큼 짙은 얼룩무늬가 있으나 사마귀 뒷날개의 얼룩무늬는 매우 옅어서 투명해 보인다. 그러나 날개를 펼쳤을 때 확인 가능해서 자연 상태에서는 확인이 어렵다.

왕사마귀 암컷(왼쪽)과 사마귀 암컷(오른쪽)

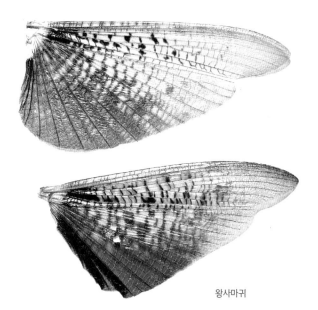

왕사마귀

넓적배사마귀

Hierodula patellifera (Audinet-Serville, 1839)

- **분포:** 한국, 일본, 대만, 동남아시아, 인도차이나반도, 인도, 인도양 섬 지역 일부, 북아메리카(서부 일부), 태평양 섬 지역 일부, 유럽(서유럽 일부)
- **몸길이:** 수컷 45~65mm, 암컷 55~85mm
- **알집 길이:** 20~25mm
- **부화 시기:** 4월 초~6월 중순
- **부화량:** 150~200마리

생태 특징: 추위에 약한 아열대성 사마귀로 예전에는 우리나라 남부 지역에서만 보였는데 요즘 들어 서울을 비롯한 중부 지역에서도 보인다. 나무에서 생활하는 종이라서 밤에 나무의 가지와 잎을 살피거나 작은 나무 주변 풀숲에서 찾았다. 낮에는 햇살이 잘 드는 풀밭에서도 보였다. 사육할 때 꾸며 준 환경에 잘 적응하고 먹이도 잘 먹어 관리가 쉬웠다.

형태 특징: 머리가 다른 종보다 조금 크고 몸이 둥글다. 배가 매우 통통하고 날개에 흰 점이 있어 다른 종과 쉽게 구별되며, 앞다리 밑마디에 노란 돌기가 있어 생김새가 비슷한 붉은긴가슴넓적배사마귀와 구별된다. 대부분 가슴에 별다른 무늬가 없으나 가끔 검은 점이 있는 개체가 보인다. 유충은 배를 등 쪽으로 말아 올린다. 갈색형이 나타나지만 왕사마귀나 사마귀에 비해 수가 적다. 갈색형은 몸에 호피 무늬가 있다.

알집 특징: 알집은 둥글며 마치 씹다 만 껌을 벽에 둥글게 붙여 놓은 것 같다. 유충 탈출구가 길며 그 중심으로 알방이 불규칙하게 놓인다. 나뭇가지와 밑동, 파이프, 전봇대, 벽, 돌, 처마 등 다양한 곳에 알집을 낳아 붙이지만 돌 밑에서 발견한 적은 없다. 또한 알집을 붙인 장소와 상관없이 둥그스름한 모양은 거의 같다.

ⓒ안홍균

수컷(녹색형)

수컷(갈색형)

암컷(녹색형)

암컷(갈색형)

수컷

암컷

암컷(산란할 곳 찾기)

암컷(산란) ⓒ안홍균

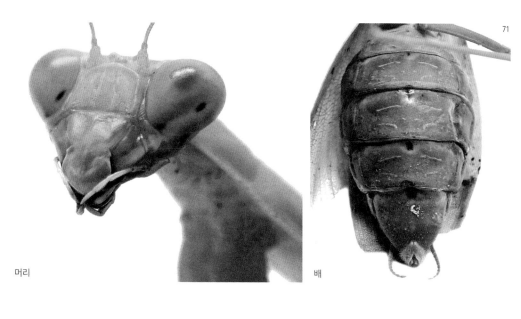

머리 배

유충 1령 유충 3령

유충 5령 유충 종령

알집

나무줄기에 낳아 붙인 알집

나뭇가지에 낳아 붙인 알집

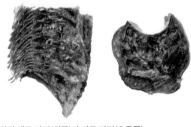

알집 세로 단면(왼쪽)과 가로 단면(오른쪽)

알집에서 나오는 유충(사육)

넓적배사마귀 1령 유충(왼쪽)과 사마귀 1령 유충(오른쪽)

수컷 날개

암컷 날개

가슴 무늬

앞다리

넓적다리마디 가시

종아리마디 가시

수컷 생식기 윗면

수컷 생식기 아랫면

암컷 생식기 윗면

암컷 생식기 아랫면

붉은긴가슴넓적배사마귀

Hierodula chinensis Werner, 1929

- **분포:** 한국(일부 내륙), 일본(중부 일부), 중국을 비롯한 아시아, 유럽, 오스트레일리아, 아프리카 등 광범위
- **몸길이:** 수컷 75~85mm, 암컷 75~85mm
- **알집 길이:** 30mm 안팎
- **부화 시기:** 5월~6월
- **부화량:** 100~200마리

생태 특징: 최근 국내에 들어와 정착한 종이다. 2017년 전북 완주 모악산에서 처음 발견되었고, 2018년 완주군에서 암컷과 수컷, 알집, 탈피각 등이 확인되어 국내 정착한 종으로 기록되었다. 지금은 수도권과 대구, 전남 구례 등지에서도 보인다. 일본에서는 2000년대 초에 발견되었다. 정확한 유입 경로는 알 수 없지만, 수입하는 나무에 알집이 붙어 있었던 것으로 추측한다. 모악산 인근에서는 벚나무와 느티나무에서 세력권을 이루고 있었다. 나뭇가지 끝에 붙은 것을 확인하고 포충망을 뻗어 가까이 댄 뒤에 살살 흔드니 포충망에 붙었다. 서식지를 두고 넓적배사마귀와 경쟁하는데, 붉은긴가슴넓적배사마귀가 더 힘이 세고 커서 전국으로 확산할 것으로 추측한다.

형태 특징: 우리나라에서 가장 큰 왕사마귀와 견줄 만큼 크다. 처음 보면 마치 왕사마귀와 넓적배사마귀가 뒤섞인 느낌이다. 넓적배사마귀보다 가슴 길이가 10mm 이상 길어 왕사마귀 가슴 길이와 비슷하며, 가슴 아래쪽에 폭넓게 붉은 부분이 있다. 넓적배사마귀와 달리 앞다리 밑마디에 노란 돌기가 없다. 1, 2령 유충은 왕사마귀 유충과 많이 닮았다.

알집 특징: 벚나무 가지와 죽은 나뭇가지에 붙어 있던 알을 찾았다. 나뭇가지에 알집을 비스듬하게 낳아 붙였으며 알집꼬리 부분이 들려 있다.

암컷

수컷 수컷

암컷

암컷

가슴 © 최원준

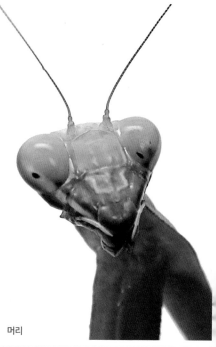

머리

암컷 © 김건혁

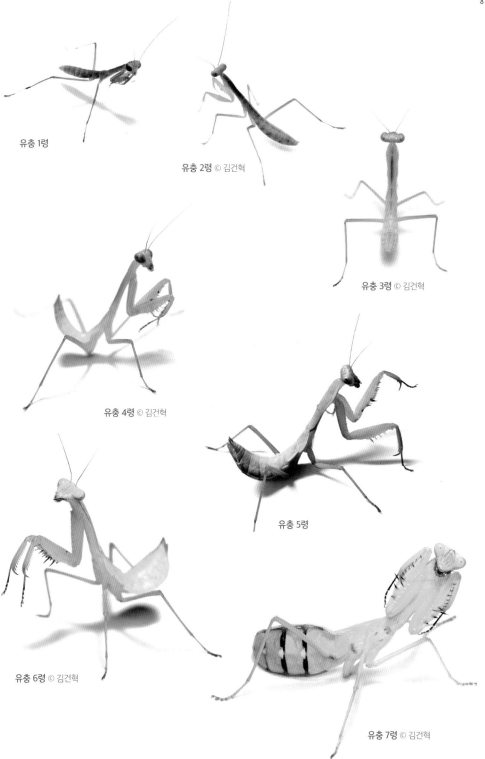

유충 1령

유충 2령 © 김건혁

유충 3령 © 김건혁

유충 4령 © 김건혁

유충 5령

유충 6령 © 김건혁

유충 7령 © 김건혁

82

알집

나뭇가지 끝에서 채집

나뭇가지에 낳아 붙인 알집 © 김건혁

나뭇가지에 낳아 붙인 알집

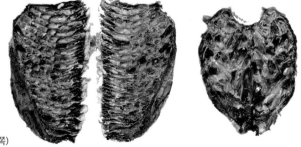

알집 세로 단면(왼쪽)과 가로 단면(오른쪽)

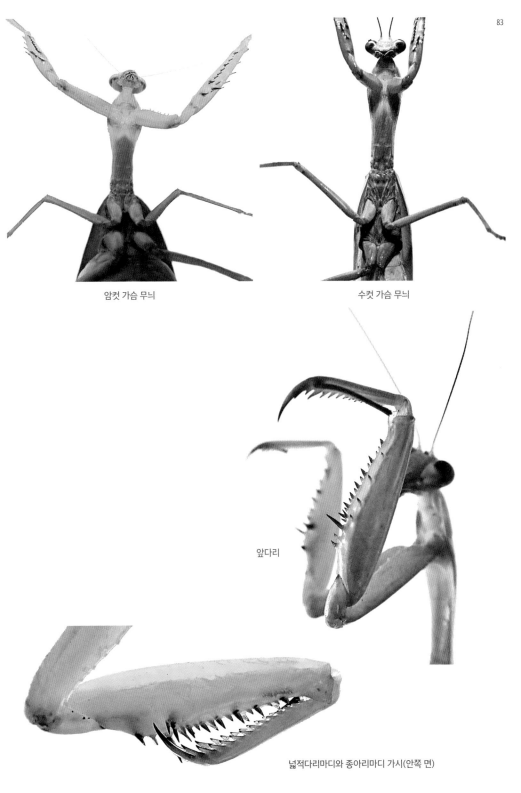

암컷 가슴 무늬

수컷 가슴 무늬

앞다리

넓적다리마디와 종아리마디 가시(안쪽 면)

넓적배사마귀와 붉은긴가슴넓적배사마귀 구별

● 앞가슴 아랫면 색깔 비교

　넓은긴가슴넓적배사마귀는 암수 모두 앞가슴에 뚜렷하게 붉은 부분이 있지만
　넓적배사마귀는 붉은빛이 전혀 없다.

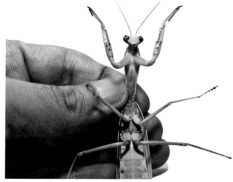

붉은긴가슴넓적배사마귀

● 앞다리 밑마디 돌기 비교

　넓적배사마귀 앞다리 밑마디에는 노란 돌기가 있으나 붉은긴가슴넓적배사마귀 앞다리 밑마디에는
　노란 돌기가 없다.

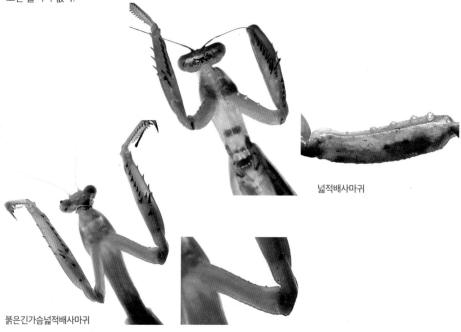

넓적배사마귀

붉은긴가슴넓적배사마귀

- **몸과 가슴 길이 비교**

  몸은 넓적배사마귀(45mm)에 비해
  붉은긴가슴넓적배사마귀(75mm)가
  훨씬 길다.
  가슴도 넓적배사마귀(15mm)에 비해
  붉은긴가슴넓적배사마귀(25mm)가
  훨씬 길다.

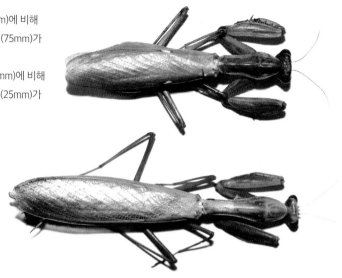

넓적배사마귀(위) 붉은긴가슴넓적배사마귀(아래) ⓒ 심재일

- **암컷 배 길이 비교**

  넓적배사마귀(15mm)에 비해
  붉은긴가슴넓적배사마귀(25mm)가
  훨씬 길다.

넓적배사마귀 암컷(왼쪽)과 붉은긴가슴넓적배사마귀 암컷(오른쪽)

몸 구조와 명칭

기본 구조

사마귀는 유시아강(날개가 있는 무리), 신시류(날개가 접히는 무리), 외시류(번데기 기간이 없는 무리)에 속하며 사냥술이 탁월한 육식 곤충이다. 몸 전체는 긴 막대 모양이며 다리도 매우 길다. 머리는 역삼각형이며 겹눈이 크고 가슴과 배, 날개도 길다. 나무나 풀에 붙어 있으면 자연스럽게 어울려 위장 효과가 있다.

앞다리가 매우 길고 가시가 줄지어 나 있어서 사냥한 먹이를 제압할 수 있다. 가운데다리와 뒷다리도 길기 때문에 무게 중심이 상당히 높아지므로 걸을 때 뒤뚱거린다. 걷기보다는 매달리거나 기어오르는 데에 유리하며, 특히 뒷다리에 욕반이 있어서 사냥할 때 중심을 잘 잡는다.

잠자리처럼 겹눈이 커서 얼굴의 대부분을 차지하며 사냥감을 낚아챌 때 공간과 거리 등을 정확하게 판단할 수 있다.

앞날개는 좁고 길며, 막질인 뒷날개는 넓으나 나는 데에는 적합하지 않다. 다른 곤충에 비해 가슴이 길며 가슴 앞쪽에 앞다리가 붙어 있어 사냥할 때 앞다리를 더 멀리까지 뻗을 수 있다. 가슴 윗면 한가운데에 세로로 칼날처럼 돋은 앞가슴등날이 있으며, 허물을 벗을 때 이곳이 갈라지면 몸이 빠져나온다.

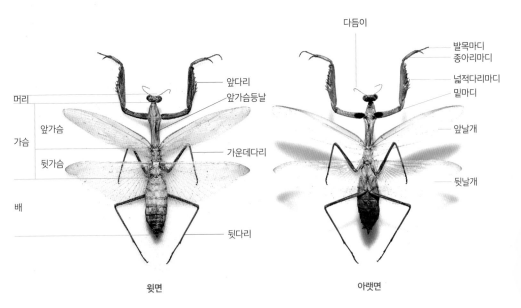

윗면

아랫면

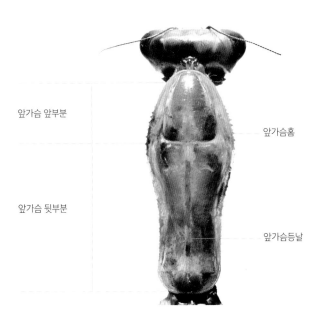

앞가슴 앞부분

앞가슴홈

앞가슴 뒷부분

앞가슴등날

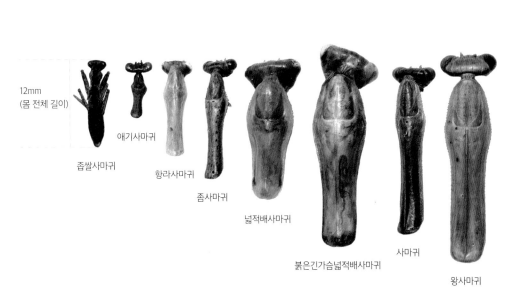

12mm
(몸 전체 길이)

좁쌀사마귀

애기사마귀

항라사마귀

좀사마귀

넓적배사마귀

붉은긴가슴넓적배사마귀

사마귀

왕사마귀

우리나라 사마귀 8종의 앞가슴 비교

머리

육식성 곤충답게 턱이 강해서 먹이를 물고 뜯기에 알맞다. 정면에서 보면 윗입술로 가려져 보이지 않지만 큰턱이 어금니와 송곳니 역할을 하며 작은턱은 입술처럼 받쳐 주는 역할을 한다.

머리에는 홑눈 3개와 큰 겹눈이 2개 있다. 홑눈은 빛과 움직임을 감지하며 운동 중추에 시각 정보를 전달한다. 겹눈은 수많은 낱눈으로 이루어지고 각 낱눈으로 받아들인 상을 조합해 하나의 상을 만든다. 낱눈 하나하나는 모두 볼록렌즈 역할을 하고 빛이 굴절되기 때문에 대상을 뚜렷하게 보는 데에는 불리하지만 낱눈에 모자이크처럼 상이 맺히기 때문에 사물의 움직임을 더 정확하게 볼 수 있다. 겹눈이 가장 발달한 잠자리는 낱눈이 2만 개 정도 있으며 사마귀는 1만 개 정도 있다.

사마귀 시력에 관한 연구 결과에 따르면 사마귀는 입체 시력을 갖고 있으며 머리를 180도 돌릴 수 있고, 겹눈이 머리 뒤까지 차지할 만큼 넓어 300도까지 볼 수 있다. 사마귀 겹눈에 있는 검은 점을 눈동자로 생각하는 일이 많은데 이 점은 낱눈에서 발생하는 빛의 회절 때문에 생기는 착시로, 겹눈을 지닌 곤충 눈에서 공통으로 나타나는 현상이다. 밤에는 겹눈이 검게 변한다.

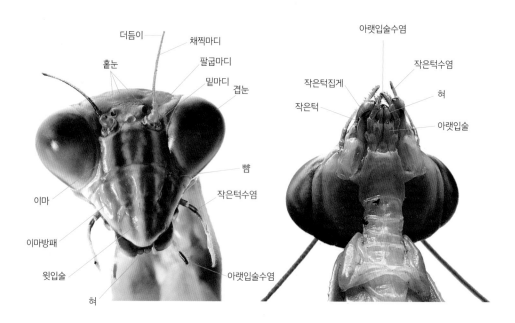

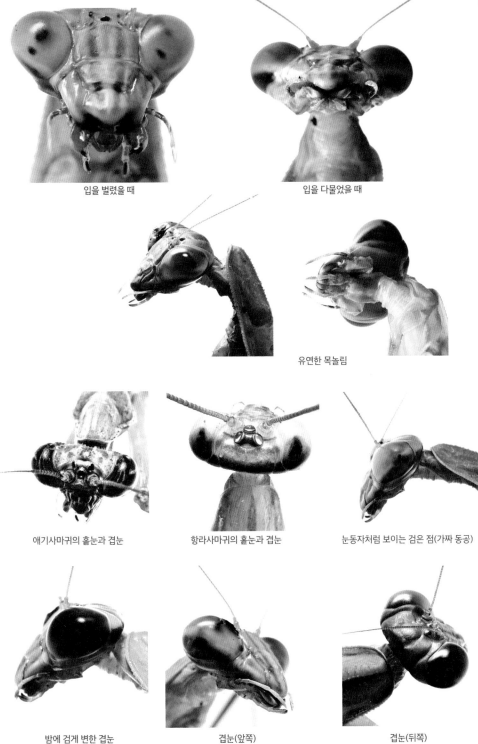

입을 벌렸을 때

입을 다물었을 때

유연한 목놀림

애기사마귀의 홑눈과 겹눈

항라사마귀의 홑눈과 겹눈

눈동자처럼 보이는 검은 점(가짜 동공)

밤에 검게 변한 겹눈

겹눈(앞쪽)

겹눈(뒤쪽)

다리

사마귀 다리에 걸린 먹이는 종아리마디에 있는 가시열 2개와 넓적다리마디에 있는 가시열 3개로 압박을 받게 된다. 종아리마디로 먹이를 채고 넓적다리마디 쪽으로 오므리는 사냥 과정은 단순히 끌어당기는 정도가 아니다. 가운데넓적다리마디가시 중에 우뚝 솟은 큰 가시가 있는데, 낚아챈 먹이를 이 가시를 향해 0.25초 사이에 힘차게 내리꽂는 것과 같다. 원심력상 가장 큰 힘을 받는 위치에 가장 큰 가시가 있는 셈이며 먹이가 클수록 이 가시에서 받는 충격은 더 세다. 사마귀가 양서류나 벌새를 제압할 수 있는 이유도 이처럼 순식간에 치명상을 입힐 수 있기 때문이다.

사마귀 앞다리는 사냥하는 곤충에게 알맞게 크고 강하며, 가운데다리와 뒷다리 발목마디에는 메뚜기 무리처럼 접착력이 뛰어난 욕반이 있다. 그래서 다리가 길어 몸의 무게중심이 높이 있는데도 중심을 잘 잡고 풀이나 나뭇가지, 벽면도 자유롭게 타고 오를 수 있다.

욕반은 사냥에도 큰 도움을 준다. 사냥할 때는 순간적으로 큰 힘을 발휘해서 사냥감을 낚아채거나 잡힌 먹이가 저항하는 힘을 견디며 균형을 잡아야 하는데, 이때 욕반이 강력한 지지대 역할을 해 준다. 만일 균형을 잃으면 사냥하다가 떨어지거나 자기 몸이 내동댕이쳐질 수도 있다.

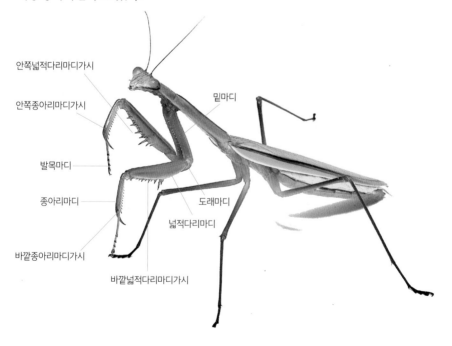

안쪽넓적다리마디가시

안쪽종아리마디가시

밑마디

발목마디

종아리마디

도래마디

넓적다리마디

바깥종아리마디가시

바깥넓적다리마디가시

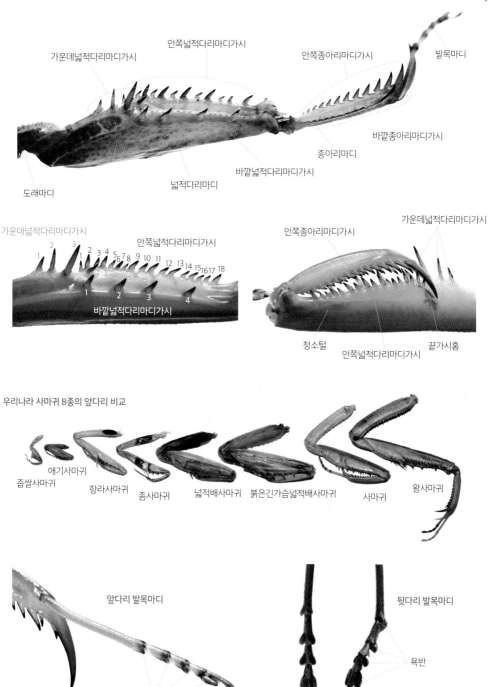

가운데넓적다리마디가시
안쪽넓적다리마디가시
안쪽종아리마디가시
발목마디
바깥종아리마디가시
종아리마디
바깥넓적다리마디가시
넓적다리마디
도래마디

가운데넓적다리마디가시
1 2 3
안쪽넓적다리마디가시
1 2 3 4 5 6 7 8 9 10 11 12 13 14 15 16 17 18
1 2 3 4
바깥넓적다리마디가시

안쪽종아리마디가시
가운데넓적다리마디가시
청소털
안쪽넓적다리마디가시
끝가시홈

우리나라 사마귀 8종의 앞다리 비교

좁쌀사마귀
애기사마귀
항라사마귀
좀사마귀
넓적배사마귀
붉은긴가슴넓적배사마귀
사마귀
왕사마귀

앞다리 발목마디
욕반
발톱

뒷다리 발목마디
욕반
욕반

생식기

짝짓기할 때 수컷의 배마디가 위에서부터 꼬여 암컷의 생식기와 결합하기 때문에 수컷의
배가 암컷보다 길다. 수컷이 암컷 등 위로 올라 감지기로 암컷의 생식기를 확인하고 세게
밀착시킨 뒤에 음경줄기를 밀어 넣어 결합한다.

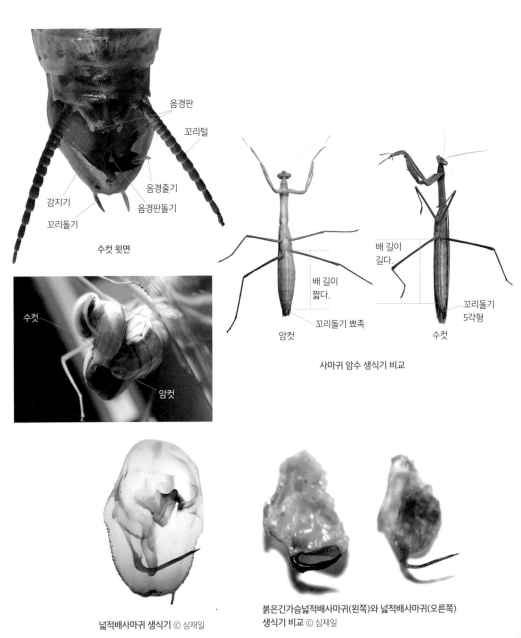

수컷 윗면

음경판
꼬리털
감지기
음경줄기
음경판돌기
꼬리돌기

수컷

암컷

배 길이
짧다.

꼬리돌기 뾰족

암컷

배 길이
길다.

꼬리돌기
5각형

수컷

사마귀 암수 생식기 비교

넓적배사마귀 생식기 ⓒ 심재일

붉은긴가슴넓적배사마귀(왼쪽)와 넓적배사마귀(오른쪽)
생식기 비교 ⓒ 심재일

귀

뒷가슴 아랫면의 가운데다리와 뒷다리 사이에 귀가 있다. 귀는 1mm 안팎으로 갈라진 틈 모양이다. 연구 결과에 따르면 사마귀는 초음파를 감지할 수 있으며, 천적인 박쥐가 먹이를 찾으려고 발사한 초음파를 감지해 숨을 수 있다.

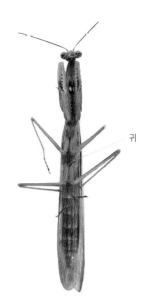

귀

좁쌀사마귀 귀

애사마귀 귀

항라사마귀 귀

좀사마귀 귀

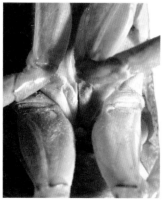

왕사마귀 귀

사마귀 귀

생활과 습성

한살이

사마귀는 알에서 깨어나 알집을 빠져나오고 7번 정도 허물을 벗은 뒤에 성충이 된다. 허물벗기 횟수에서 따라 1~7령이라 하고 마지막 허물벗기를 남겨 둔 상태인 7령을 종령이라 한다. 종령에서 허물을 벗고 성충이 되는 과정을 날개돋이라고 한다. 보통 4~5령부터 날개싹이 보이며, 허물벗기 횟수는 건강 상태나 주변 환경에 따라서 차이가 난다.

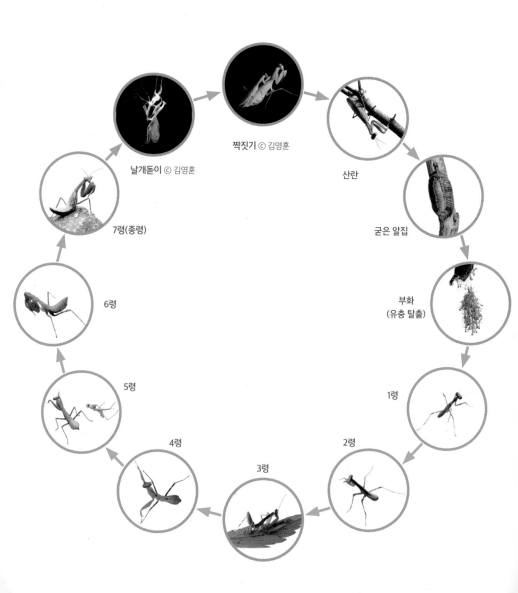

날개돋이 ⓒ 김영훈

짝짓기 ⓒ 김영훈

산란

굳은 알집

부화
(유충 탈출)

7령(종령)

6령

5령

4령

3령

2령

1령

날개돋이

날개돋이할 때가 다가오면 먹이를 먹지 않는다. 평소에는 머리를 하늘로 향하고 붙어 있지만, 바닥을 향해 거꾸로 매달린다. 외골격과 안쪽의 몸이 천천히 분리되기 시작하는데 이때 앞가슴 윗면이 약간 부풀어 오른다. 머리와 앞가슴등날이 갈라지면서 머리와 앞가슴이 먼저 빠져나오고 뒤이어 옷을 벗듯이 배와 다리가 빠져나온다. 허물을 모두 벗은 뒤에는 다시 위를 향해 매달리며, 혈액이 퍼져 나가는 힘에 따라 날개가 조금씩 펴진다. 날개가 다 펴지면 날개와 몸이 마른다.

허물을 벗다가 날개를 다치거나 날개가 완벽하게 펴지지 않을 때도 있다. 보통 다른 곤충은 날개 펴기에 실패하면 생존이 어렵지만 사마귀는 날개가 망가진 채로 살아가는 개체도 종종 보인다. 아마도 생존에 비행 가능 여부가 크게 영향을 주지 않아서인 듯하다.

날개돋이를 앞둔 왕사마귀 종령

허물을 벗고 날개를 펴고 있는 왕사마귀 ⓒ 박효묵

날개를 다 펴고 몸을 말리고 있는 왕사마귀 ⓒ 박효묵

날개펴기에 실패한 항라사마귀

불완전하게 날개돋이를 했지만 그대로 살아가는 왕사마귀

넓적배사마귀 종령 탈피각

붉은긴가슴넓적배사마귀 탈피각(1~7령)

몸 색깔과 위장

사마귀는 곤충 세계의 포식자이지만 새에게는 피식자다. 때까치가 사냥해서 저장해 둔 먹이를 보면 사마귀가 꽤나 많다. 포식자로서 사냥할 때 먹이에게 들키지 않으려면, 피식자로서 천적인 새를 피하려면 위장술이 필요하다.

같은 종이어도 몸 색깔이 녹색인 개체와 갈색인 개체가 있다. 둘의 비율과 발생 원리는 밝혀지지 않았지만, 환경적 요인보다는 유전적 요인이 더 클 것으로 추측한다. 자연 상태에서는 녹색형이 갈색형보다 우성이다. 사육 결과 유충 단계에서 넓적배사마귀는 갈색형이 뚜렷이 보이나 왕사마귀는 갈색형과 녹색형을 구별하기 어렵다.

서식지 환경과 어울리게 타고난 몸 색깔만으로도 위장 효과가 뛰어나다. 그러므로 자기 몸 색깔과 비슷한 환경을 찾는 것이 당연하며, 거기에서 그치지 않고 풀줄기나 잎, 나뭇가지의 방향과도 어울리도록 앉는다면 더욱 감쪽같이 숨을 수 있다.

낙엽 층에서 주로 생활하는 좁쌀사마귀는 갈색형만 있다. 마찬가지로 낙엽 층에서 지내는 좀사마귀도 갈색형이 많고, 주로 나무에서 지내는 넓적배사마귀는 녹색형이 많다. 풀밭에 사는 항라사마귀는 갈색형, 연두색형, 녹색형 등이 있고 왕사마귀와 사마귀는 갈색형보나 녹색형이 많다. 이들은 싱싱한 풀잎이나 마른 풀잎에 잘 섞여 든다. 애기사마귀는 남부 지방 상록활엽수림에 살아서인지 갈색형이 없는 것 같다.

넓적배사마귀 암컷 갈색형과 녹색형

넓적배사마귀 수컷 갈색형과 녹색형

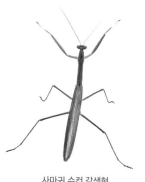

사마귀 수컷 갈색형

사마귀 암컷 녹색형

때까치가 사냥해 저장해 둔 왕사마귀(왼쪽)와 좀사마귀(오른쪽) ⓒ 강의영

풀밭에 몸을 숨긴 사마귀 녹색형

나뭇가지에 몸을 숨긴 왕사마귀 갈색형

마른 풀숲에 숨은 항라사마귀 갈색형

몸 색깔과 비슷한 나무줄기에 앉은 넓적배사마귀 갈색형

경고

사마귀와 왕사마귀는 가슴의 앞다리 사이에 몸과 색깔이 다른 부분이 있고, 항라사마귀와 좀사마귀는 앞다리 밑마디와 넓적다리마디에 뚜렷한 무늬가 있다. 천적이 다가오는 등 위협을 느끼면 상체와 앞다리를 들어 올려 이런 색깔과 무늬가 드러나게 한다.

　이렇게 몸과 뚜렷하게 대비되는 색깔이나 무늬를 대담색이라고 한다. 대담색은 천적 눈에 빨리 띄어 생존에 불리할 것 같지만, 천적을 놀라게 하거나 먹을 만한 사냥감이 아니라는 경고 효과도 있다. 보통 이런 행동을 할 때에는 접어 놓았던 날개도 활짝 펴는데, 이 또한 상대를 놀라게 하는 데에 효과가 있다.

좀사마귀 앞다리 무늬 ⓒ 강의영　　　　　항라사마귀 앞다리 무늬

왕사마귀 날개 펼침 ⓒ 강의영

사냥

사마귀 영어 이름은 기도하는 신부님(Praying mantis)이다. 앞발을 들고 있는 모습이 두 손을 모으고 공손하게 기도하는 것 같아 붙은 이름이다. 하지만 실제 앞다리를 들고 있을 때는 화가 났을 때거나 사냥하기 직전이거나 상대를 공격할 때, 자기 자신을 과시할 때이다.

먹이를 찾아 돌아다니기보다는 먹이가 나타날 만한 자리에서 기다리다가 사마귀가 있는 것을 모르고 다가온 먹이를 낚아챈다. 꽃대에 앉아서 꿀이나 꽃가루를 먹으러 오는 곤충을 기다리기도 하고, 나뭇잎 아랫면에 숨어 있다가 햇볕을 쬐려고 잎 위에 앉는 곤충을 기다리기도 한다. 먹이를 만날 확률이 낮을 수 있지만 에너지를 낭비하지 않는 확실한 방법이기도 하다.

사냥에 성공한 넓적배사마귀 ⓒ 강의영

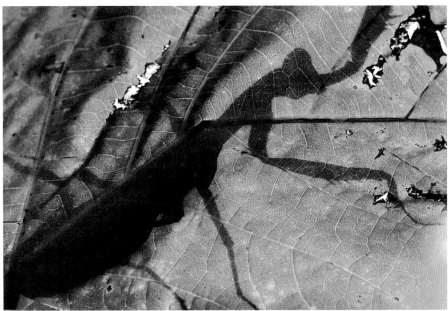

나뭇잎 뒤에서 먹이를 기다리는 사마귀

섬서구메뚜기를 노려보는 넓적배사마귀

잠자리를 사냥한 사마귀

방아깨비를 사냥한 왕사마귀 유충

몸 청소

사마귀는 중요한 감각기관인 더듬이와 눈을 끊임없이 청소하고 다듬는다. 더듬이는 단순하게 보이지만 작은 마디들로 이루어지고 마디마다 감지 기능이 있는 잔털이 나 있어서 먼지가 많이 낀다. 겹눈이 무척 크니 여기에도 먼지가 달라붙는다.

　언뜻 다리로 대충 더듬이와 눈을 비비는 것 같지만 넓적다리마디 끝부분에 나 있는 청소털로 먼지를 닦아 내는 것이다. 전자현미경으로 청소털을 확대해 보니 차량용 먼지털이나 빗자루 같은 모양이다.

　앞다리에는 잔가시가 많아 이물질이 잘 끼며, 특히 사냥한 뒤에는 먹이의 잔해물이 남는다. 곰팡이균에 감염될 수도 있기 때문에 입으로 깨끗이 청소한다.

더듬이 청소

눈 청소

앞다리 청소

청소털이 있는 넓적다리마디

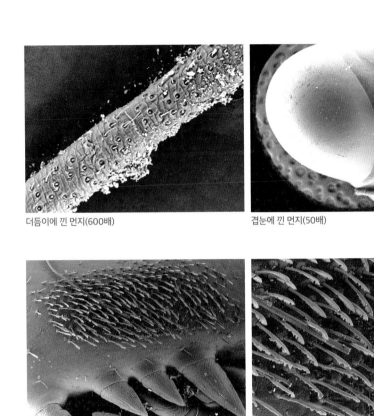

더듬이에 낀 먼지(600배)

겹눈에 낀 먼지(50배)

청소털(왼쪽부터 시계 방향으로 100배, 300배, 1,000배)

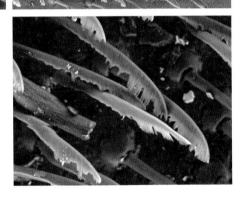

연가시

연가시는 사마귀에 기생한다. 연가시가 사마귀 몸에 들어가려면 물속에서 낳은 알이 물속 곤충에게 먹혀야 하고, 그 곤충이 성충이 되어 물 밖으로 나온 뒤에 사마귀에게 먹혀야 한다. 참으로 낮은 확률 게임 같다. 사마귀 몸속에서 자란 연가시는 사마귀 몸에서 빠져나와 다시 물로 돌아가 번식한다. 그러려면 사마귀가 물가로 가야 하니 연가시가 사마귀를 조정한다. 사마귀가 물가에 다다르면 연가시는 사마귀 몸을 뚫고 나와 물속으로 돌아간다.

개울가로 이끌려 온 왕사마귀 몸에서 빠져나오는 연가시

사마귀 몸에서 연가시 여러 마리가 나와 물속으로 이동

넓적배사마귀 종령을 물로 유인해서 빠져나오는 연가시

물가로 유인 ⓒ 윤영숙

몸에서 빠져나옴 ⓒ 윤영숙

깊은 곳으로 이동 ⓒ 윤영숙

연가시 탈출 뒤에 죽은 넓적배사마귀 ⓒ 윤영숙

짝짓기

보통 암컷보다 수컷 수가 훨씬 많기 때문에 치열한 경쟁에서 이긴 수컷만이 암컷을 만나 짝짓기에 성공한다. 애기사마귀 암컷 한 마리에 수컷 여러 마리가 달라붙어 다투는 장면을 보기도 했다.

사마귀 암컷이 짝짓기 도중에나 끝난 뒤에 수컷을 잡아먹는 행동은 선뜻 이해가 가지 않는다. 그 이유를 대략 짐작해 볼 수 있는 흥미로운 연구 결과가 있다. 수컷을 잡아먹지 않은 암컷이 낳은 알집에서보다 수컷을 잡아먹은 암컷이 낳은 알집에서 새끼가 두 배 더 많이 나왔고 생존 기간도 길었다.

애기사마귀

왕사마귀

좁쌀사마귀

항라사마귀 ⓒ 김영훈

좀사마귀 ⓒ 강의영

짝짓기 뒤에 수컷을 잡아먹는 왕사마귀 암컷 ⓒ 강의영

산란

겨울 나는 알을 보호하고자 알집을 만든다고 생각하는 사람이 많지만 기온이 높거나 일정한 열대우림 지역에서도 알집을 만든다. 알집은 온습도, 비바람 같은 환경 변화와 천적에게서 알을 보호하고, 알이 안정적으로 자랄 수 있는 공간이다.

왕사마귀, 사마귀, 넓적배사마귀, 항라사마귀는 햇볕이 잘 드는 나뭇가지나 벽에 산란한다. 작은 종인 애기사마귀와 좁쌀사마귀는 돌 밑, 나뭇잎 아랫면, 낙엽 밑에 산란한다. 항라사마귀, 좀사마귀, 애기사마귀, 좁쌀사마귀 알집은 돌 밑에서 많이 찾았다.

같은 종이라도 환경이 다르면 산란 장소도 바뀌었다. 거제도에서는 돌 밑에서 보이는 좀사마귀와 애기사마귀 알집이 제주도에서는 좀처럼 보이지 않았다. 주로 있는 돌이 현무암인 것도 영향이 있는 듯하고 숲 바닥의 습도가 높은 탓도 있는 것 같았다. 이와 비슷한 상황을 오키나와, 대만, 베트남에서도 겪었다. 작은 자갈이나 돌이 별로 없고 열대성 기후로 바닥 습도가 높은 데다가 겨울 추위를 견딜 일도 없어서인지 나뭇가지나 나뭇잎에 알집이 많았다.

왕사마귀가 산란하는 과정을 지켜봤다. 산란을 마치기까지 2시간 30분 정도 걸렸다. 처음에 알집액을 쏘고 그 속에 알을 낳은 다음에 알방을 다듬는 과정을 반복하다가 알집을 약간 위쪽으로 끌어올리며 마무리하고는 외벽을 다듬었다.

알 낳은 왕사마귀 ⓒ 강의영

거품 속에 알방을 만들고 알을 낳는 왕사마귀

알을 다 낳고 알집을 마무리하는 왕사마귀

알집 모양

알집 모양만 보고도 누구 알집인지 구별할 수 있다. 알집을 발견한 지역의 환경과 알집을 낳아 붙인 위치까지 고려한다면 더욱 정확히 알 수 있다.

왕사마귀와 넓적배사마귀, 붉은긴가슴넓적배사마귀 알집은 둥글다. 사마귀 알집은 긴 막대 모양이다. 항라사마귀와 좀사마귀 알집은 긴 타원형이다. 애기사마귀 알집은 사각형이며, 좁쌀사마귀 알집은 좁쌀 모양이다.

알집 외부 구조

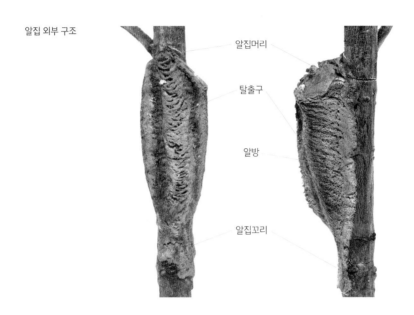

알집 내부 구조

사마귀 8종의 알집

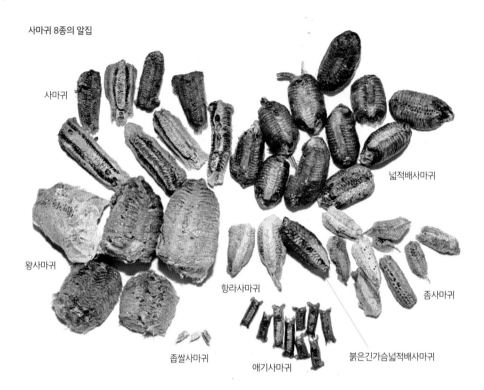

사마귀

넓적배사마귀

왕사마귀

항라사마귀

종사마귀

좁쌀사마귀

애기사마귀

붉은긴가슴넓적배사마귀

사마귀 7종의 알집 크기 비교

종사마귀

넓적배사마귀

사마귀

항라사마귀

애기사마귀

좁쌀사마귀

왕사마귀

사마귀 5종의 알집 높이 비교

애기사마귀
좀사마귀
넓적배사마귀
사마귀

왕사마귀

사마귀 3종의 알집 비교

사마귀   항라사마귀   좀사마귀

좀사마귀와 항라사마귀 알집 비교
좀사마귀 알집에 비해
항라사마귀 알집이 더 크고
두꺼우며 유충 탈출구가
더 뚜렷하다.

좀사마귀   항라사마귀

항라사마귀   좀사마귀

사마귀와 항라사마귀 알집 비교

사마귀 알집의 유충 탈출구 옆 고랑이
항사라마귀 알집과 달리 깊고,
알집꼬리가 넓다.
항라사마귀 알집은 알집머리에서
알집꼬리로 갈수록 좁아지는 게 많다.

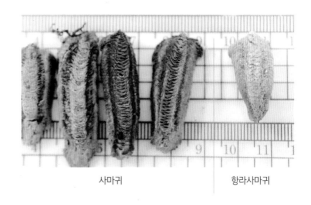

사마귀   항라사마귀

사마귀와 넓적배사마귀 알집 비교

사마귀 알집은 길며 알집꼬리가 넓고,
유충 탈출구 양옆의 깊은 고랑이
알집꼬리까지 이어진다.
넓적배사마귀 알집은 둥글고
유충 탈출구가 뚜렷하다.

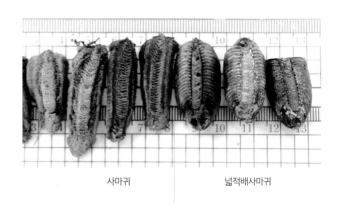

사마귀   넓적배사마귀

애사마귀와 좁쌀사마귀 알집 비교

애사마귀 알집은 길이가 5~20mm까지
다양하고 사각형이다.
좁쌀사마귀 알집은 길이가 5mm 안팎이고
알집꼬리가 길다.

애사마귀   좁쌀사마귀

넓적배사마귀와 붉은긴가슴넓적배사마귀 알집 비교

알집 전체가 나뭇가지에 붙어 있다.   폭이 넓다.

넓적배사마귀

알집꼬리 부분이 가지에서 떨어져
비스듬히 들려 있다.   폭이 좁다.

붉은긴가슴넓적배사마귀

부화

사마귀 알집은 외벽, 공기층, 내벽, 알방으로 이루어진다. 알방에 알이 하나씩 들어 있고 나중에 깨어날 때 머리가 될 부분이 유충 탈출구 쪽을 향한다. 알방에서 부화한 유충은 알방 마개를 밀고 나온다.

　유충이 알방 마개를 밀고 밖으로 나오는 방식은 두 가지다. 하나는 왕사마귀나 넓적배사마귀처럼 첫 유충이 나온 탈출구로 나머지 유충들이 계속 밀고 나오는 방식이다. 아래쪽에 있던 알방에서 나온 유충이 빠져나가면 중력 때문에 자연스럽게 그 위에 있던 알방들이 아래로 쏠리며 한곳으로 계속 빠져나온다. 가느다란 실을 타고 줄줄이 빠져나온 유충은 허물을 벗고 1령이 된다.

　또 하나는 사마귀, 좀사마귀, 애기사마귀처럼 유충 한 마리씩 각각의 탈출구로 나오는 방식이다. 같은 알집이라도 알의 성숙도가 다르기 때문에 한 알집에서 며칠간 시간 차를 두고 나오기도 한다. 유충이 방금 탈출한 알집에서는 탈출구로 밀려 나온 알방 마개가 작은 보풀처럼 보인다.

넓적배사마귀
(탈출구 하나로 한꺼번에 나오는 방식)

애기사마귀
(독립된 탈출구를 밀고 한 마리씩 나오는 방식)

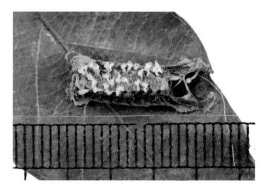

부화가 끝난 애기사마귀 알집
(흰 것은 탈출구를 막고 있던 알집 마개)

시미귀 부화 수
알집 하나에서 147~174마리가
부화했다.

왕사마귀 부화 수
알집 하나에서 72~286마리가
부화했다.

좀사마귀 부화 수
알집 하나에서 87~142마리가
부화했다.

애사마귀 부화 수
알집 하나에서 31~35마리가
부화했다.

1령 크기 비교

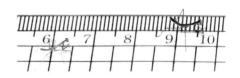

넓적배사마귀(왼쪽)와 사마귀(오른쪽)　　　　사마귀(왼쪽)와 왕사마귀(오른쪽)

사마귀(위쪽 둘)와
왕사마귀(아래쪽 하나)　　　　좀사마귀(왼쪽)와
넓적배사마귀(오른쪽)

기생당하는 알집

사마귀수시렁이와 기생벌이 사마귀 알집에 기생한다. 채집해 살펴보니 왕사마귀 알집은 15개 중에서 8개, 넓적배사마귀 알집은 16개 중에서 7개, 사마귀 알집은 14개 중에서 6개, 좀사마귀 알집은 8개 중에서 3개, 애기사마귀 알집은 10개 중에서 4개가 기생당했다. 알집의 40% 이상이 기생당하는 듯하다.

넓적배사마귀 알집에서 나온 사마귀수시렁이

사마귀 알집에서 나온 사마귀수시렁이

왕사마귀 알집에서 나온
사마귀수시렁이 유충

좀사마귀 알집에서 나온 기생벌

참고문헌

- 김정환. 2001. 곤충의 사생활 엿보기. 당대.
- 김태우. 2010. 곤충, 크게 보고 색다르게 찾자. 필통.
- 니콜라스 B. 데이비스 외. 2014. 행동생태학. 자연과생태.
- 문형철 외. 2019. 왕사마귀(*Tenodera aridifolia*)의 발육 및 산란 특성. 한국잠사곤충학회지.
- 심재일. 2021. Taxonomy of korean Dictyoptera. 전북대학교.
- 하늘강 보고서(미발간). 2014, 2015, 2016. 오비초등학교.

- Daniel Otte & Lauren Spearman. 1999. Mantodea Species File Online. Retrieved 17 July 2012. Hurd, I. E.
- David Overtone. 2018. Praying Mantises as pets. Zoodoo Publishing.
- Grimaldi, David. 2003. A Revision of Cretaceous Mantises and Their Relationships, Including New Taxa (Insecta: Dictyoptera: Mantodea). American Museum Novitates (3412): 1–47.
- Kris Anderson. 2021. Praying mantises of the United States and Canda. Las Vegas, NV.
- Orin A. McMonigle. 2013. Keeping the Praying Mantis. Coachwhip Publications.
- Schwarz CJ, Roy R. 2019. The systematics of Mantodea revisited: an updated classification incorporating multiple data sources (Insecta: Dictyoptera) Annales de la Société entomologique de France (N.S.) International Journal of Entomology 55 [2]: 101-196.
- Sydney K. Brannoch, Frank Wieland, Julio Rivera, Klaus-Dieter Klass, Olivier Béthoux and Gavin J. Svenson. 2017. Manual of praying mantis morphology. nomenclature and practices (Insecta, Mantodea). Zookeys.

- 岡田正哉. 2001. 昆虫ハンターカマキリのすべて. トンボ出版.
- 李季篤. 2018. 螳螂饲养與观察. 知己圖書股份有限公司.
- 山脇兆史. 2007. 育てて、しらべる日本の生き物図鑑13、カマキリ. 集英社.
- 彩万志, 李虎. 2015. 中国昆虫图鉴. 山西科学技术出版社.
- 筒井学. 2013. カマキリの生きかた: さすらいのハンター（小学館の図鑑NEOの科学絵本). 小学館.
- 海野和男. 2015. 世界のカマキリ観察図鑑. 草思社.

- http://aibogi.tistory.com (하늘강 이야기)
- http://ecotopia.hani.co.kr
- https://en.wikipedia.org/wiki
- https://mantodea.myspecies.info/check-list-mantids-taiwan
- www.gbif.org/species/1404196
- www.nocutnews.co.kr/news/4921968
- www.sciencedirect.com/science/article/pii/S2287884X20301588
- www.sciencetimes.co.kr
- www.tandfonline.com/doi/abs/10.1080/00379271.2020.1785941?journalCode=tase20

찾아보기